Sur l'élimination urinaire
de certains composés arsenicaux

(Premier mémoire)

Par MM. les Docteurs

LÉVY-BING
Médecin de Saint-Lazare

FÉROND
Médecin de l'hôpital d'Ixelles

GRANDE IMPRIMERIE DE [...]
126, Rue Thiers, 126

1928

SUR L'ÉLIMINATION URINAIRE

DE CERTAINS COMPOSÉS ARSENICAUX

(Premier mémoire)

Par MM. les D[rs]

LÉVY-BING   **FÉROND**

Médecin de Saint-Lazare   Médecin de l'hôpital d'Ixelles

De nombreux auteurs, tant en France qu'à l'étranger, se
sont efforcés d'éclaircir le métabolisme des composés organiques d'arsenic employés en thérapeutique anti-syphilitique.

Malgré les travaux accumulés, la plus grande obscurité
règne encore sur ce sujet. Elle tient à plusieurs causes que
nous résumerons brièvement :

1º Absence complète de réactions types, spécifiques non
seulement d'un corps donné ou voisin, mais même d'un en-
semble de corps à fonctions identiques. Prenons, par exemple,
l'arsénoxyde et l'arsénophénol : nos méthodes actuelles ne
nous permettent pas de nous rendre compte de la présence
simultanée de ces deux corps dans l'organisme. Bien plus, il
nous est tout aussi impossible d'extraire ou de caractériser
individuellement des corps déjà aussi dissemblables que
l'aminoarsénophénol (1), la base du 606 ou dioxydiamino-
arsénobenzol (2), le 914 ou novarsénobenzol (3), le sulfarsénol (4).

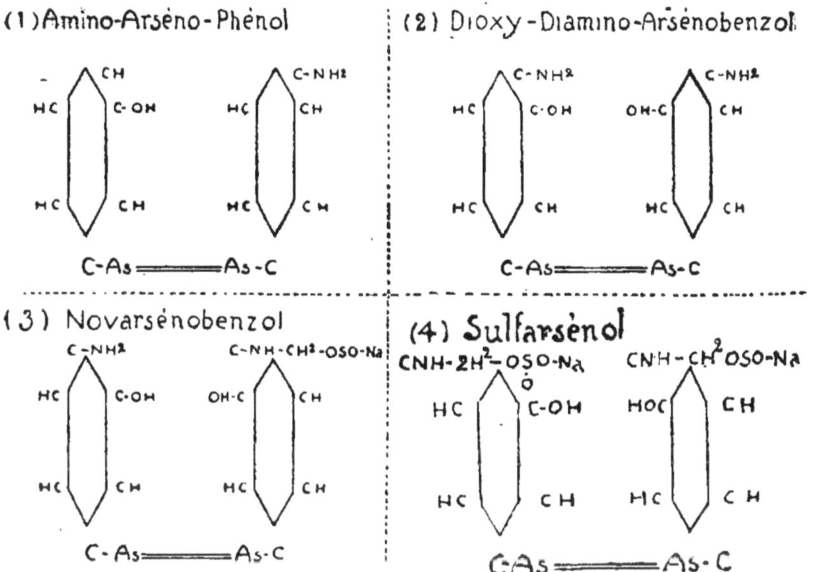

Si l'on veut avoir quelque idée sur la grandeur moléculaire des produits qui s'éliminent, on doit se contenter de réactions colorimétriques très sensibles, mais sujettes à de nombreuses causes d'erreur. Nous verrons cependant qu'on peut parfaitement les utiliser en observant quelques précautions indispensables.

2º Ces réactions colorées révélatrices d'une classe de corps à fonction amine aromatique (Abelin, par exemple), à fonction phénolique (Fouché, par exemple), ou benzénique (Sabalitoschka), ne sont malheureusement pas utilisables lorsque les réactifs employés réagissent colorimétriquement avec les excreta. Il ne faut donc pas songer à s'en servir en pathologie intestinale ou stomacale.

3º D'où l'idée de doser simplement, par des procédés employés en toxicologie, l'arsenic métalloïdique. C'est généralement sous cette forme, que de nombreux auteurs ont tenté de résoudre la question. Lorsqu'on emploie ces méthodes, on est étonné de constater qu'une injection intra-veineuse de 30 ctgr. de 606, par exemple, permet de déceler des traces d'arsenic six mois après l'injection ! Si ce résultat satisfait le toxicologue, le biologiste ni le thérapeute ne peuvent se servir de résultats pareils. Et puis, a-t-on le droit de bâtir des hypothèses ou de tirer des renseignements thérapeutiques de méthodes qui modifient complètement l'architecture moléculaire des arsénobenzènes et n'expriment que le résultat brutal d'une longue suite d'opérations chimiques très altérantes ? Pour notre part, nous nous refusons à franchir ce pas, et nous pensons ne devoir employer ces techniques que pour nous permettre de contrôler les résultats fournis par les méthodes colorimétriques.

L'expérience clinique plaide, du reste, puissamment en faveur de nos idées. Ce qu'il importe au médecin, c'est de connaître la durée d'élimination de l'arsénobenzène ou de ses dérivés, mais non de l'arsenic ; d'éviter les accumulations toxiques et de choisir les voies d'administration les plus commodes, les plus physiologiques et les plus efficaces.

Notre but n'est pas pour le moment d'envisager tous ces problèmes, mais de regrouper et de recontrôler bien des faits douteux, bien des expériences éparses, en les comparant chez un même sujet. Les méthodes chimiques utilisées ne nous permettant pas d'observer l'élimination intestinale, nous nous contenterons de l'étude en série du métabolisme urinaire

Voici, en quelques mots, le plan que nous avons suivi :

1º Un sujet, une femme âgée de 25 ans, toujours le même, toujours soumis à la même alimentation et aux mêmes conditions de vie, a servi de sujet type.

Détermination préalable de la physio-pathologie de ses reins, de son foie, de son tractus digestif. Nous évitons ainsi de comparer des éliminations diverses chez des sujets divers, ce qui est la règle dans les expériences antérieures.

2º Ce sujet, aussi normal soit-il, pouvait cependant présenter certaines petites causes d'erreur. Aussi avons-nous eu soin d'employer pour chaque expérience de nombreux témoins qui, à plusieurs reprises, nous révélèrent des « indi-vidualités d'élimination » très intéressantes.

Pour que tout restât aussi comparable que possible, les témoins, toutes des femmes jeunes, à peu près du même âge,. furent soumis au même genre de vie, à la même alimentation que le sujet type. Des déterminations préalables (albu-mine, nucléoalbumine, albumoses, glucoses, pigments et acides biliaires, urobiline, indol et scatol, cylindrurie) nous, renseignèrent sur l'état et le fonctionnement de leurs. émonctoires.

TECHNIQUE DE CHAQUE EXPÉRIENCE

Quelques échantillons d'urines, prélevés dans les 48 heures précédant le début de l'expérience, sont soumis séparément aux analyses décrites ci-dessus. De plus, la réaction colori-métrique employée est essayée sur chacun de ces échantillons. Un quart d'heure, 20 minutes, 30 minutes après le début de l'expérience on recueille les urines, de demi-heure en demi-heure pendant trois heures, puis toutes les heures jusqu'au sommeil, deux à trois fois pendant la nuit, et on continue toutes les heures tant que l'élimination persiste. De crainte de laisser échapper de brèves décharges ultérieures, on ana-lyse pendant les 40 heures qui suivent la dernière élimina-tion, les urines de deux en deux heures.

Dans ces conditions, il est logique de se servir de la réaction d'Abelin (1), caractéristique d'un groupement amine aroma-tique. Ces groupements sont évidemment innombrables, et la plupart des colorants synthétiques d'aniline rentrent dans cette classe de corps. Mais il est rare de compter sur la présence de tels composés dans l'urine, à moins que le sujet ne manipule ces substances (garçons de laboratoire) ou ne les emploie comme médicaments (bleu de méthylène, pyoktanin).

____

(1) ABELIN. — Salvarsan. *Münch. med. Wochensch.*, N° 33, 1911.

Voici la technique d'Abelin, modifiée par Pomaret :

10 cmc. d'urine dans un tube à essai ; y ajouter X gouttes d'une solution aqueuse, fraîche, de nitrite de soude à 1/2 %, puis X gouttes d'une solution d'acide sulfurique très pur à 20 % ; agiter : formation d'acide nitreux qui se conjugue à l'azote aminé du produit éliminé. Pour mettre en évidence le produit diazoïque ainsi formé, il suffit de l'engager dans une combinaison qui en formera un produit coloré : on ajoute donc, dans un troisième temps, par superposition prudente, une solution ammoniacale d'un diphénol tel que la résorcine :

> Ammoniaque concentré : 20 cmc. ;
> Alcool à 95° : 40 cmc. ;
> Ether sulfurique : 40 cmc. ;
> Résorcine : 2 gr.

Solution à préparer extemporanément.

A la limite de séparation des deux liquides, un disque rubis nous indiquera la présence d'amine aromatique.

Contrairement à ce qu'en pense le Dr Bertin dans sa thèse (1) (p. 48), ce disque n'est pas caractéristique. Lorsque les urines sont très chargées en indol, scatol, urochrome ou bases pyrimidiques, l'acide nitreux formé par la réaction de l'acide sulfurique sur le nitrite de soude, colore tout le tube en rouge sang, avant toute adjonction de résorcine. Celle-ci ne fait évidemment que renforcer la coloration primitive. Il faut, dans ce cas, s'assurer par une réaction rapide, mais exacte, que l'échantillon contient bien de l'arsenic.

On peut, pour cela, se servir de l'appareil de Marsch, après destruction de la matière organique par un mélange nitro-sulfurique. Cette opération est très longue. On peut la simplifier et surtout l'écourter en se servant d'une méthode décrite dans ce journal même par *Duret* (2) : le liquide à examiner est

<hr>

(1) BERTIN. — *L'amino-arséno-phénol dans le traitement de la syphilis. Thèse de Paris*, 1922.

(2) DURET. — *Recherches et dosages rapides de l'As et du Hg dans les urines. Annales des Maladies vénériennes*, p. 461, 1918.

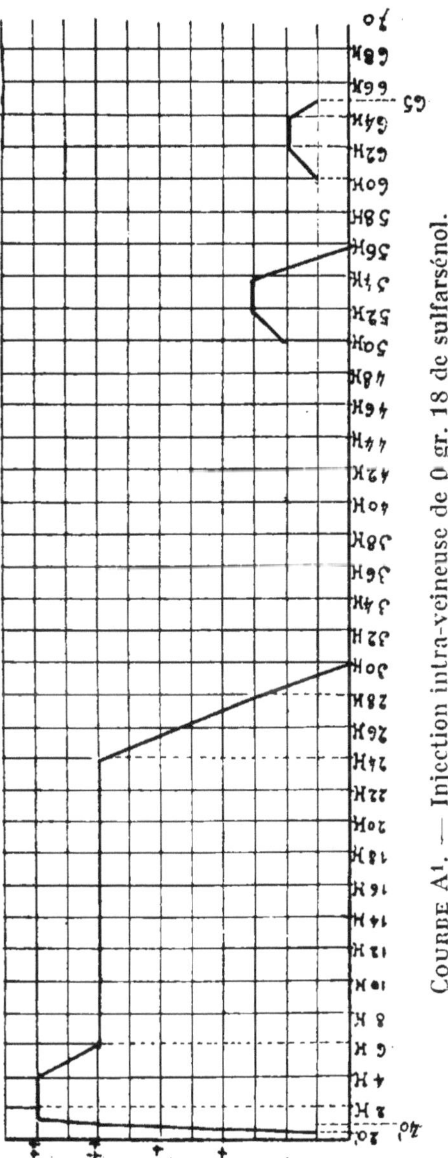

COURBE A¹. — Injection intra-veineuse de 0 gr. 18 de sulfarsénol.

additionné d'H^2SO^4 à 10 % et par pincée de 8 à 10 gr., mélangé avec 50 à 60 gr. de persulfate ammonique. On fait bouillir jusqu'à éclaircissement complet de la liqueur. On décèle ensuite la présence d'As, par l'hydrogène arsenié imprégnant un papier au sublimé. Ce dernier passera du jaune au brun suivant la quantité d'As qui le sensibilisera.

Le réactif de *Bougault* permet, lui aussi, dans des conditions déterminées, des titrations suffisamment approchées.

On peut, et ceci est le procédé personnel de l'un de nous, enlever les composés rouges résultant de l'action de l'acide sur l'urine, en agitant cette dernière avec du chloroforme ou de l'alcool amylique ; le solvant absorbe les composés formés ; après décantation, ajouter la solution ammoniacale de résorcine : un anneau rougeâtre indiquera nettement la présence d'une amine aromatique.

Nous nous sommes tout d'abord adressés au sulfarsénol, parce que c'est un sel très stable, peu toxique et bien supporté à la fois en injections intra-veineuses, intra-musculaires et sous-cutanées.

EXPÉRIMENTATION

A. — Introduction par la voie intra-veineuse

1re EXPÉRIENCE : *Injection intra-veineuse* de 18 ctgr. de sulfarsénol.

Moyenne de trois expériences :

La courbe A^1 (1) nous indique que le début de l'élimination se fait vers la 20e minute, que cette élimination devient rapidement maxima dès la 40e minute, reste maxima pendant 4 heures, subit des diminutions et des recrudescences et se termine vers la 28e à 30e heure. Quelques décharges erratiques vers la 50e et la 60e-65e heure.

Six témoins nous donnent des courbes analogues.

(1) Courbes graduées empiriquement en fonction de l'intensité de coloration donnée par la réaction d'Abelin ; comparaison avec des dilutions connues du sel arsenical employé, diazoté dans les mêmes conditions.

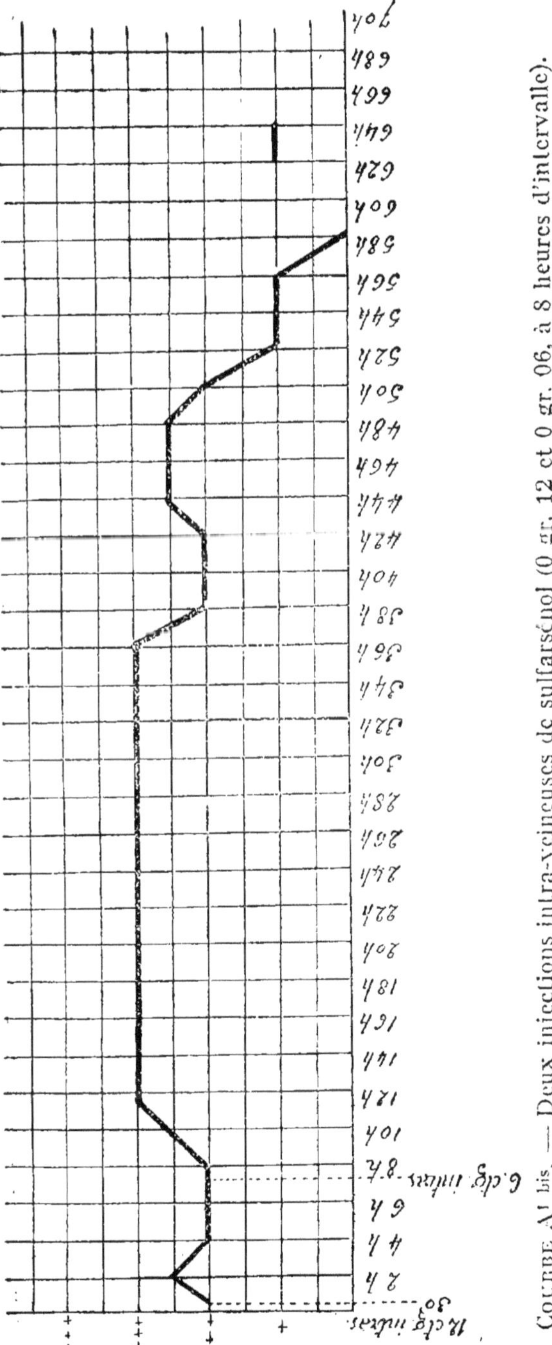

COURBE A¹ bis. — Deux injections intra-veineuses de sulfarsénol (0 gr. 12 et 0 gr. 06, à 8 heures d'intervalle).

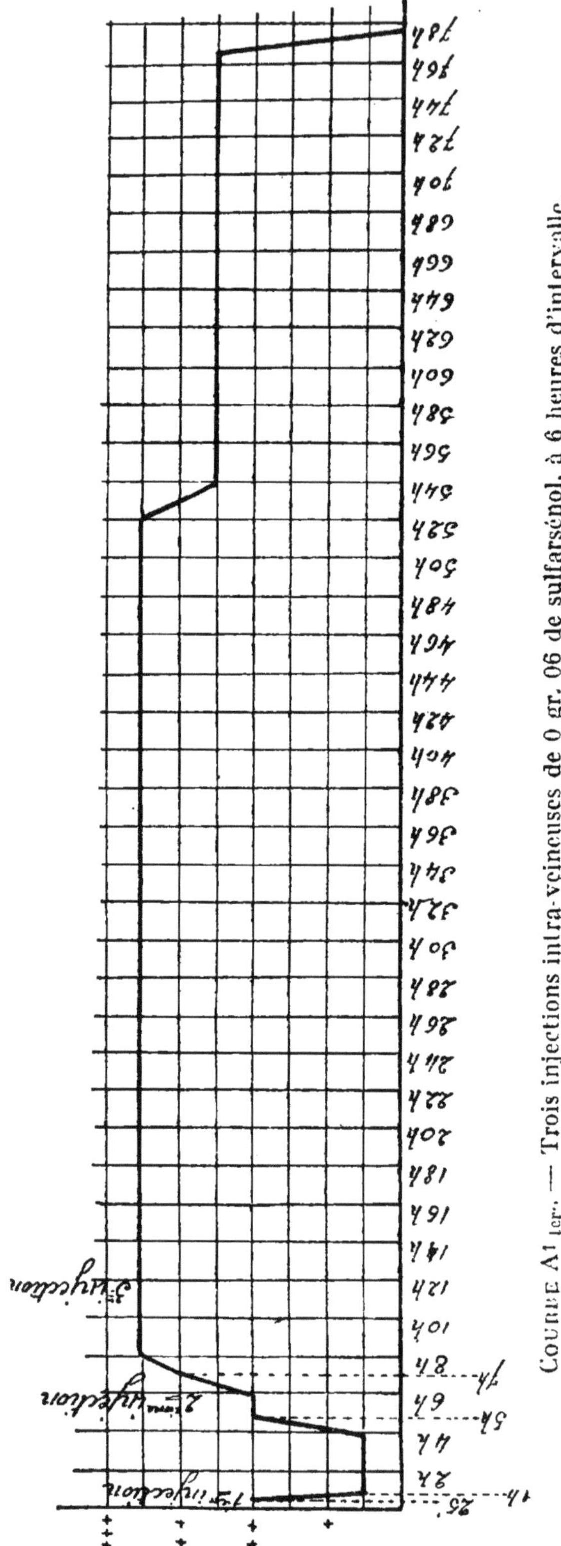

Courbe A1 1err. — Trois injections intra-veineuses de 0 gr. 06 de sulfarsénol, à 6 heures d'intervalle.

EXPÉRIENCE 1 *bis* : Un sujet témoin reçoit 18 ctgr. de sulfarsénol, en *deux injections intra-veineuses* : 12 ctgr. à 9 h. 30 et 6 ctgr. à 17 heures.

La première élimination est nette, mais moins intense que lors d'une seule injection intra-veineuse de 18 ctgr., toutes choses égales d'ailleurs.

• Lors de la seconde injection intra-veineuse de 6 ctgr., huit heures après la première, l'élimination s'accuse, sans cependant atteindre le maxima de l'expérience A¹.

Par contre, l'élimination dure 36 à 38 heures sans soubresauts notables, décroît assez régulièrement et se termine dans les 60 heures. (Voir courbe A¹ *bis*.)

En résumé, avantage marqué sur l'injection unique : grosse décharge immédiate évitée et imprégnation plus longue de l'organisme.

Nous allons voir ces caractères s'accuser nettement dans l'expérience suivante :

EXPÉRIENCE 1 *ter* : Un sujet témoin reçoit 18 ctgr. de sulfarsénol en *trois injections intra-veineuses* : 6 ctgr. à 9 heures, 6 ctgr. à 14 heures, 6 ctgr. à 19 heures.

L'élimination, nettement positive à la 25e minute, assez faible jusqu'à la 4e heure, offre à partir de la 8e-9e heure un plateau maxima pendant 40 heures environ. Décroissance régulière de la 52e à la 75e heure environ. (Voir courbe A¹ *ter*.)

Il suffit de jeter un coup d'œil sur la courbe A¹ *ter* pour être frappé de l'extrême régularité d'élimination de ces trois doses. Il faudra nous reporter à la courbe A¹⁷ (48 ctgr. intra-musculaire) pour constater le même rythme.

A remarquer également le temps assez long mis par l'organisme pour faire une première grosse décharge (8 à 9 heures, au lieu de 60 minutes, dans le cas d'une injection unique).

B. — Introduction par la voie intra-musculaire

2e EXPÉRIENCE : *Injection intra-musculaire* de 18 ctgr. de sulfarsénol, dans la fesse.

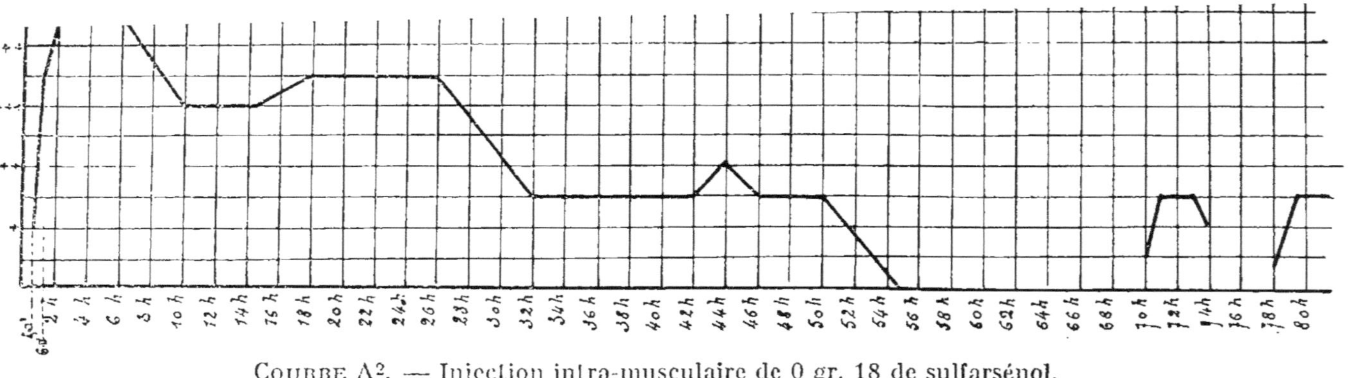

Courbe A2. — Injection intra-musculaire de 0 gr. 18 de sulfarsénol.

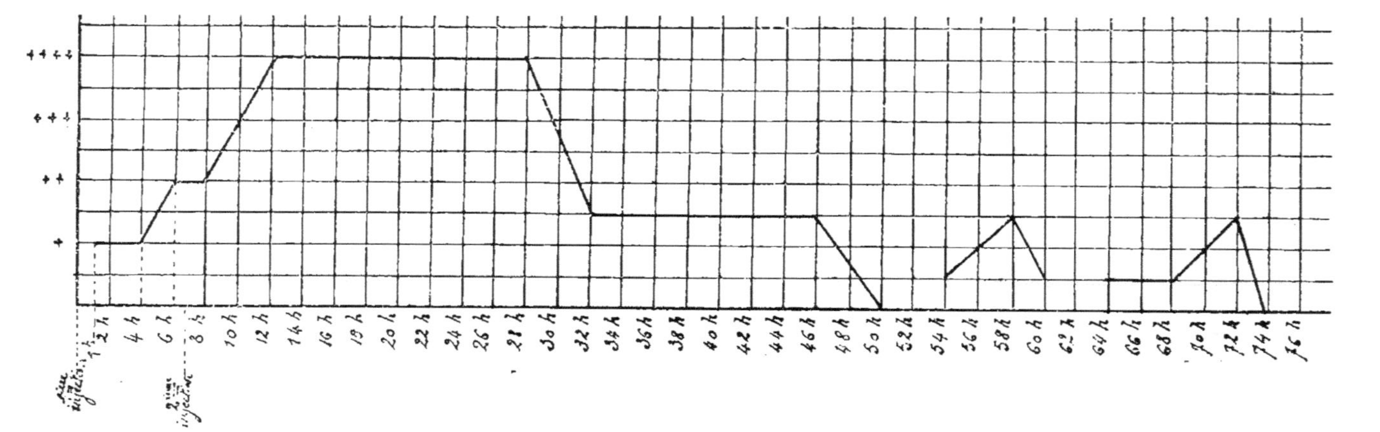

Courbe A3. — Injections intra-musculaires de 0 gr. 18 de sulfarsénol (0 gr. 12 + 0 gr. 06) à 7 heures d'intervalle.

Moyenne de deux expériences faites sur le sujet type.

L'élimination débute vers la 40e minute, est plus faible que par la voie intra-veineuse, mais dure beaucoup plus longtemps, puisqu'elle se prolonge encore à la 55e-58e heure. Élimination par à-coups à la 70e et à la 80e heure. (Voir courbe A^2.)

Deux autres sujets, choisis parmi ceux qui ont déjà reçu des injections intra-veineuses, offrent à peu de chose près les mêmes courbes d'élimination : le début commence toujours après la 30e minute et l'élimination se termine vers la 55e-60e heure. Quelques rares et brèves décharges erratiques dans les 48 heures suivantes.

3e Expérience : *Injection intra-musculaire* de 18 ctgr. de sulfarsénol dans la fesse, en deux temps : *a*) 12 ctgr. vers 11 heures ; *b*) 6 ctgr. vers 18 heures.

Moyenne de deux expériences.

L'élimination est retardée et ne commence qu'au bout d'une heure. Elle est relativement faible jusqu'à la 4e heure, puis devient très nette et très intense pendant 20 à 21 heures, pour se continuer faiblement, mais très régulièrement jusqu'à la 50e heure. Élimination erratique jusqu'à la 70e-72e heure. (Voir courbe A^3.)

Il saute aux yeux que cette courbe est plus régulière, plus nette que la même courbe construite en suivant l'élimination d'une dose unique de 18 ctgr.

Mêmes remarques pour quatre expériences pratiquées chez deux sujets neufs. La quantité totale d'arsénobenzol caractérisé par l'Abelin indique une plus grosse décharge totale en employant la méthode en deux temps, qu'en pratiquant l'injection massive.

C. — Introduction par la voie stomacale

4e Expérience : *Ingestion de 18 ctgr. per os*, dissous dans un peu d'eau (15 cmc.).

Moyenne de trois expériences.

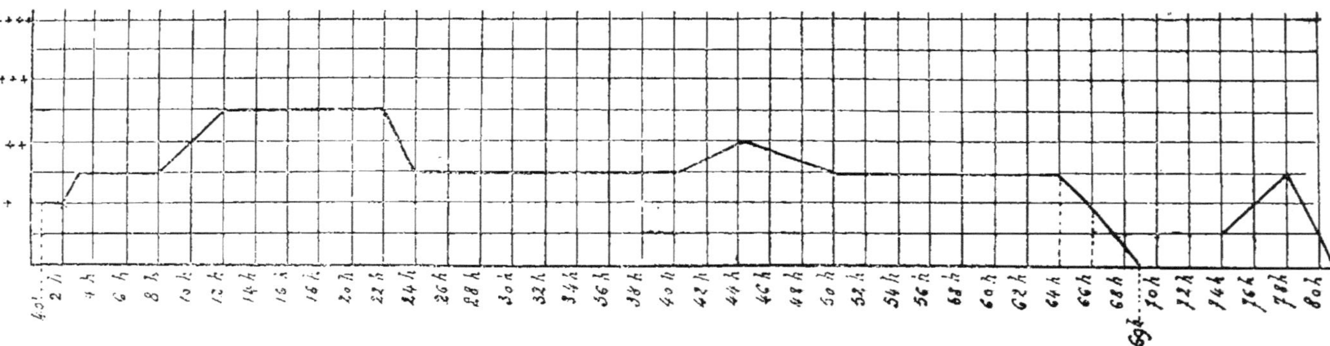

Courbe A⁴. — Absorption par la bouche de 0 gr.118 de sulfarsénol.

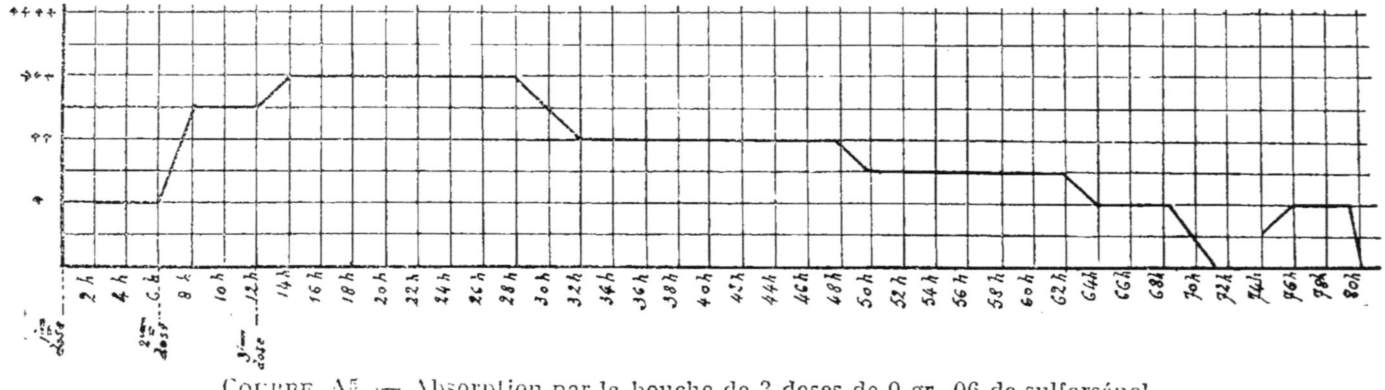

Courbe A⁵. — Absorption par la bouche de 3 doses de 0 gr. 06 de sulfarsénol.

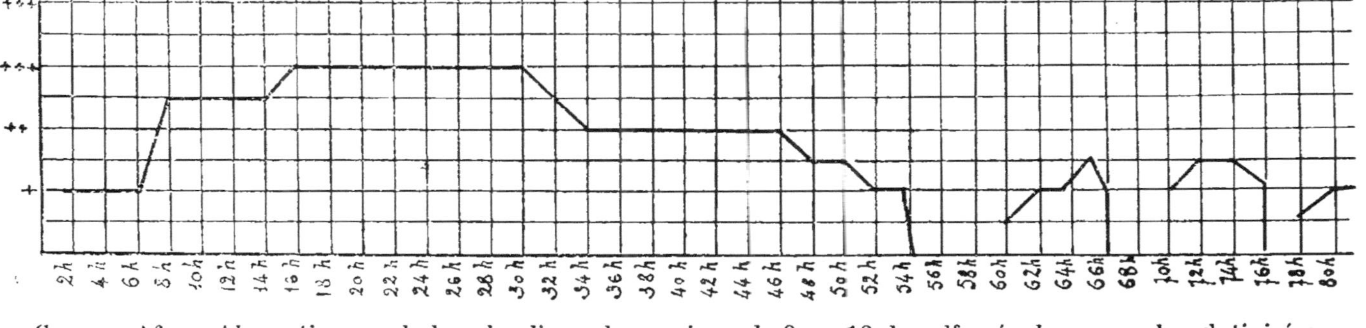

COURBE A⁶. — Absorption par la bouche d'une dose unique de 0 gr. 18 de sulfarsénol en capsules glutinisées.

Début d'élimination vers la 30e à 40e minute ; à-coups variables pendant 65 à 70 heures ; quelques décharges erratiques dans les 40 heures suivantes. L'élimination individuelle est nettement plus faible que par les voies intra-veineuse ou intra-musculaire, mais dure plus longtemps. (Voir courbe A4.)

Quatre autres sujets sont soumis à la même expérience : le résultat global est sensiblement le même que celui indiqué plus haut : élimination ne commençant jamais avant 30 minutes, quelquefois après 1 h. 30, mais continuant jusqu'à la 65e-70e heure au moins. La quantité d'arsénobenzène éliminée n'atteint pas la moitié de ce qui passerait après une injection intra-veineuse, toutes choses égales d'ailleurs.

5e EXPÉRIENCE : Même expérience que la quatrième, mais les 18 centigr. de sel sont *absorbés par la bouche, en trois fois, à quatre heures d'intervalle.*

Courbe beaucoup plus régulière, plus continue ; l'élimination totale est nettement plus forte qu'avec l'absorption massive, mais moindre qu'en employant les voies intra-veineuse ou intra-musculaire. (Voir courbe A5.)

Mêmes remarques pour quatre autres sujets ayant absorbé trois doses de 6 ctgr. à quatre heures d'intervalle.

6e EXPÉRIENCE : *Absorption massive* de 18 ctgr. de sulfarsénol en *capsules glutinisées.*

Moyenne de deux expériences.

Élimination faiblement positive après 1 heure à 1 h. 30, régulièrement positive jusqu'à la 45e-50e heure. Quelques rares décharges erratiques dans les 48 heures suivantes. (Voir courbe A6.)

L'élimination totale est plus forte qu'avec la dose unique dissoute dans l'eau, sensiblement égale à la même dose fractionnée et diluée, inférieure à la même dose injectée dans les veines ou les muscles.

Deux autres témoins nous indiquent les mêmes résultats.

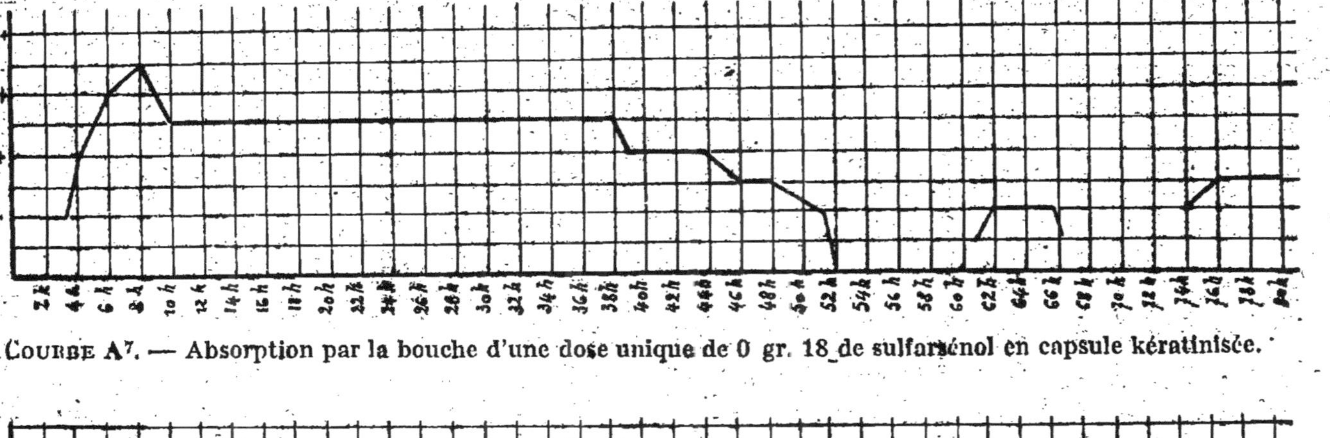

Courbe A7. — Absorption par la bouche d'une dose unique de 0 gr. 18 de sulfarsénol en capsule kératinisée.

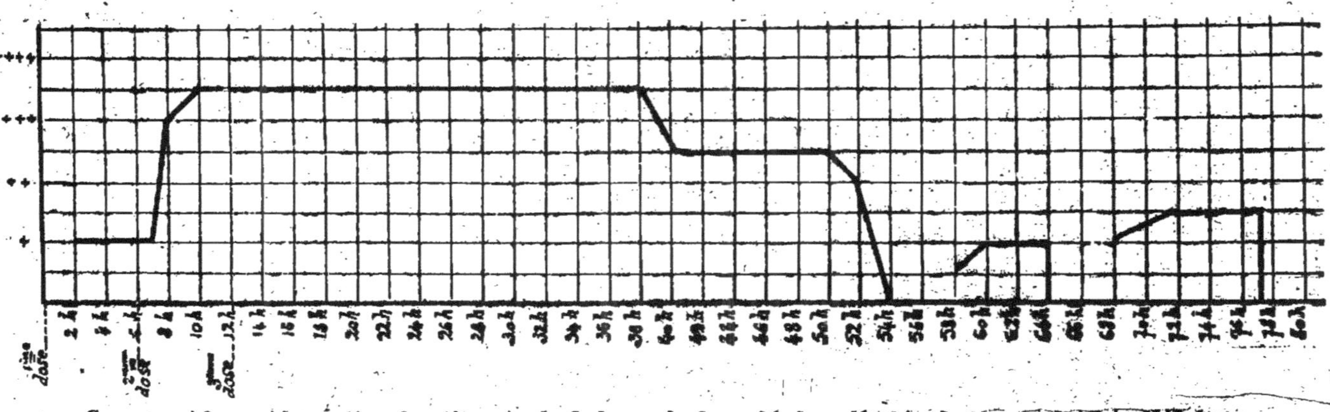

Courbe A8. — Absorption fractionnée de 3 doses de 0 gr. 06 de sulfarsénol en capsules kératinisées.

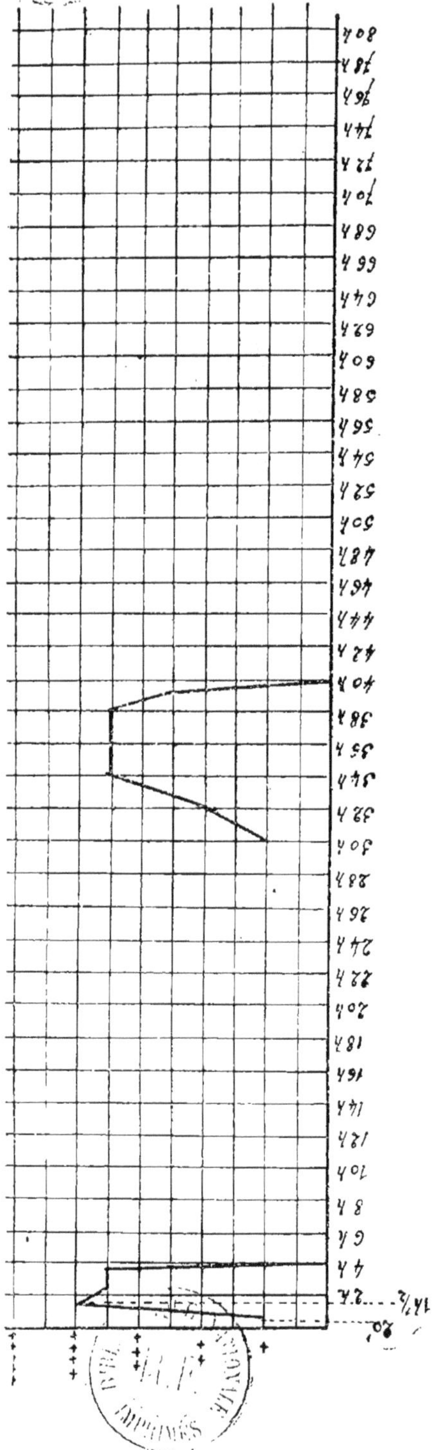

COURBE A9. — Suppositoire à 0 gr. 18 de sulfarsénol.

7e Expérience : *Absorption massive* de 18 ctgr. de sulfar-sénol en *capsules kératinisées.*

Moyenne de trois expériences chez trois sujets différents.

Courbe très voisine de A^6, mais plus régulière encore et donnant l'impression d'une plus grande élimination arséni-cale que par les autres moyens empruntant la voie stomacale. (Voir courbe A^7.)

8e Expérience : *Absorption fractionnée* de 18 ctgr. (trois fois 6 ctgr. à 6 heures d'intervalle), en *capsules kératinisées.*

Courbe sensiblement plus régulière, moins cahotique et plus accentuée que celles données par les autres procédés empruntant la voie « per os ». (Voir courbe A^8.)

D. — Introduction par la voie intestinale

9e Expérience : *Suppositoire* au beurre de cacao (3 gr.), contenant 18 ctgr. de sulfarsénol.

Élimination très rapide (20 à 25 minutes), devenant maxima en moins d'une heure et demie ; élimination très intense, mais se terminant en moins de 4 heures. Repos variable suivant les sujets, puis reprise de l'élimination pendant 6 à 10 heures, souvent le lendemain du début de l'expérience. (Voir courbe A^9.)

La moyenne de six expériences chez trois sujets différents et d'un contrôle chez le sujet type, fait ressortir nettement ce phénomène diphasique : élimination rapide et brutalement intense, rien pendant plusieurs heures et réapparition de la réaction pendant quelques 6 heures. L'élimination globale est plus faible que pas les voies intra-musculaire, intra-veineuse ou stomacale.

10e Expérience : *Lavement* de 18 ctgr. de sulfarsénol dissous dans 20 cmc. d'eau, additionnés de X gouttes de teinture d'opium. Quelques heures auparavant, lavement évacuateur.

Moyenne de cinq expériences chez quatre sujets différents.

Les courbes ne prennent ici aucun type et échappent à toute description, tant elles sont individuelles, variables suivant les sujets et variables pour le même sujet suivant les expériences. L'élimination a toujours été d'une faiblesse extrême, qu'aucune autre voie ne nous avait indiquée. Enfin, cette thérapeutique a causé chez certains sujets des troubles intestinaux sérieux (diarrhées intenses et rebelles, spasmes intestinaux, rectite, etc.).

E. — Introduction par la voie vaginale

11e Expérience : *Ovule à la gélatine* contenant 18 ctgr. de sulfarsénol incorporés dans 2 gr. d'un mélange gras composé comme suit :

Lanoline.	
Huile d'olive.	ââ
Moelle de bœuf	

Une expérience chez le sujet type.

Quatre expériences chez deux autres sujets.

Courbes assez comparables à celles obtenues lors de l'expérience 9. La quantité totale d'arsenic éliminé est cependant moindre que par ce dernier procédé.

F. — Introduction par la peau

12e Expérience : Moyenne de dix expériences chez quatre sujets dont le sujet type.

Technique : Bras ou cuisse lavés à l'eau chaude et au savon ; frottés à l'alcool-éther après rinçage à l'eau ; *friction* pendant 8 à 12 minutes avec le mélange gras décrit à l'expérience 11.

Au moment de la friction, ajouter au mélange gras la dose de sulfarsénol et amalgamer les 18 ctgr. au mortier. Mélange très homogène et très stable, se faisant en quelques secondes.

Résultat : Début d'élimination variant de 15 minutes à 2 heures, suivant les sujets, ce qui tient indubitablement à la constitution de leur peau. Mais l'élimination est très nette et très régulière pendant une cinquantaine d'heures. La quan-

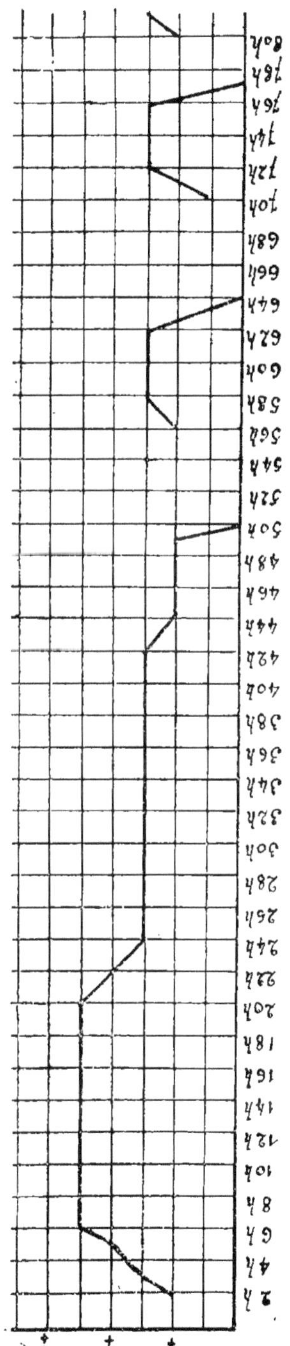

Courbe A12. — Friction avec un onguent contenant 0 gr. 18 de sulfarsénol.

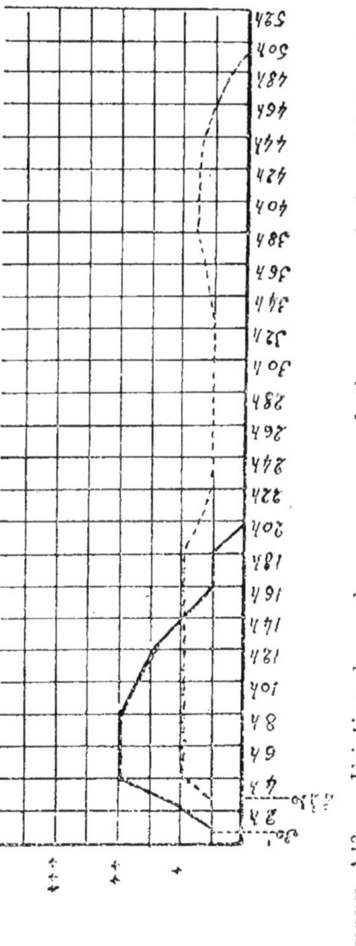

Courbe A13. — Friction des mains avec une solution aqueuse de 0 gr. 06 de sulfarsénol.

     .... : sujet témoin.

     ——— : sujet type.

tité totale éliminée est sensiblement la même qu'avec l'emploi
de la voie stomacale, parfois même supérieure.

Nous donnons, pour plus de facilité, la moyenne des courbes
obtenues chez le sujet type. (Voir courbe A^{12}.)

13ᵉ EXPÉRIENCE : Même voie d'introduction.

Friction, mais dose et technique différentes.

6 ctgr. de sulfarsénol sont dissous dans 1 cmc. d'eau.

La solution est versée sur les mains. Le sujet se frotte
vigoureusement jusqu'à ce que tout le liquide ait disparu.

Élimination très individuelle, mais très nette, parfois pendant 48 à 50 heures, donnant de très beaux anneaux colorés.

Un sujet éliminait déjà 30 minutes après le début de l'expérience.

Nous donnons sur le même graphique deux courbes,
l'une du sujet type, l'autre d'un témoin. (Voir courbe A^{13}.)

14ᵉ EXPÉRIENCE : Même expérience, mais les 6 ctgr. de
ulfarsénol sont simplement déposés sur les mains.

Friction à sec pendant 5 minutes.

Élimination à type très individuel, mais indéniable, se
terminant plus rapidement que dans l'expérience 12.

Nous faisons remarquer que nos expériences sont complètement comparables à celles décrites par le professeur Slosse,
en 1921, dans une note envoyée à l'Académie de Médecine de
Bruxelles. Sa technique chimique étant plus précise et plus
sensible que la nôtre, nous résumerons brièvement ces travaux
sur la question :

« 1º L'absorption par les voies respiratoires de sels organiques
semble nulle ou si faible que nos moyens actuels d'analyse
sont incapables de nous en révéler la présence dans le sang.

2º Par contre, l'absorption cutanée de quelques centi-
grammes de ces composés est si intense qu'elle permet des
dosages rigoureux de l'arsenic et des composés glycuroniques
du sang ; ces deux valeurs augmentent fortement, et dans le
sang et dans l'urine. »

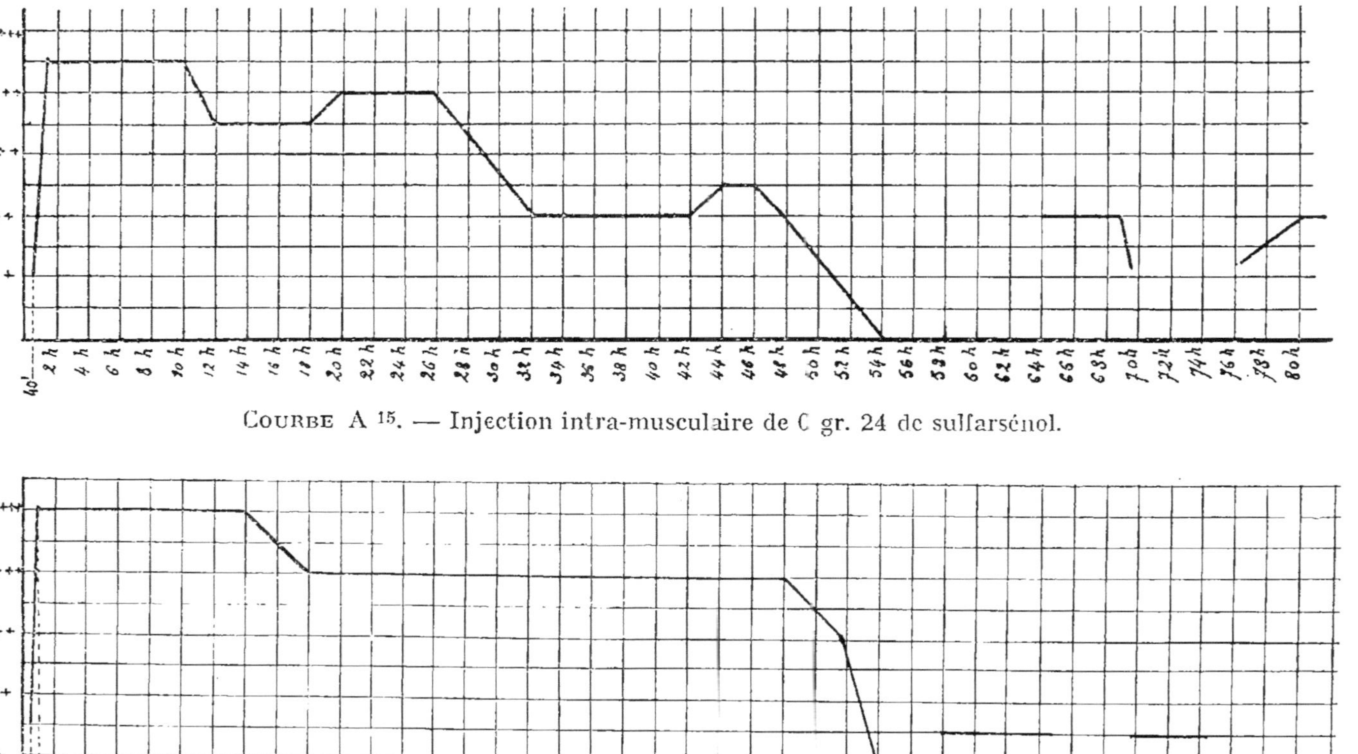

Courbe A 15. — Injection intra-musculaire de C gr. 24 de sulfarsénol.

Courbe A 16. — Injection intra-musculaire de 0 gr. 36 de sulfarsénol.

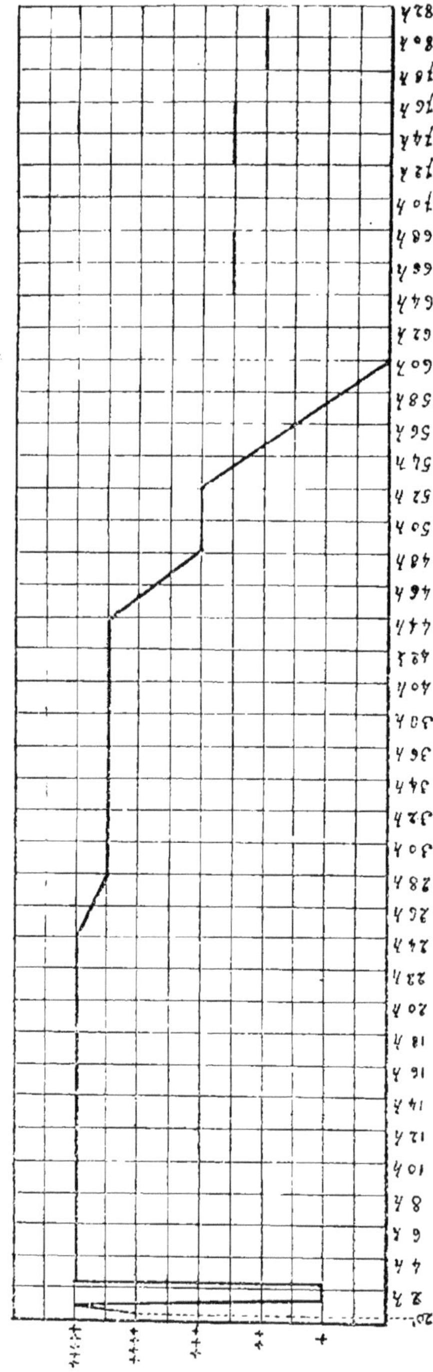

COURBE A 17. — Injection intra-musculaire de 0 gr. 48 de sulfarsénol.

Sur l'un de nous, la méthode d'Abelin s'est montrée à plusieurs reprises très nettement positive, surtout après une manipulation un peu intensive d'ampoules de sulfarsénol. Le port systématique de gants de caoutchouc a rapidement (deux à quatre jours) fait disparaître de l'urine le dérivé diazotable.

Nous ne saurions trop recommander cette pratique aux confrères manipulant ces substances et se plaignant de troubles à symptomatologie souvent vague. (céphalées, lassitude, inappétence, crises nitritoïdes larvées, etc.)

Élimination comparée d'injections intra-musculaires à 18 - 24 - 36 - 48 ctgr. de sulfarsénol

Courbe A^2 : élimination de 18 ctgr. de sulfarsénol intra-musculaire.

15e EXPÉRIENCE : Courbe A^{15} : élimination de 24 ctgr. intra-musculaire ; elle est vraiment comparable, toutes choses égales d'ailleurs, à la courbe A^2 (18 ctgr.).

16e EXPÉRIENCE : La courbe A^{16} (36 ctgr. intra-musculaire) nous révèle quelques modifications : tout d'abord, un début d'élimination dès la 24e-25e minute, ensuite une élimination régulière pendant 56 à 58 heures, puis des rétentions avec décharges erratiques jusqu'à la 66e-70e heure.

17e EXPÉRIENCE : La courbe A^{17} (48 ctgr. intra-musculaire) nous donne un début d'élimination vers la 15e-16e minute, en grosse masse, puis un repos relatif et enfin une élimination régulière et calme pendant 60 heures ; quelques décharges assez fortes, mais courtes, dans les 40 heures suivantes.

Durée de l'élimination après une certaine dose globale et suivant les différentes voies d'introduction

EXPÉRIENCE 18 : Lab..., âgée de 25 ans. Malade atteinte d'accidents secondaires a reçu 8 grammes de sulfarsénol par la voie stomacale.

Tableau des doses ingérées :

Dates	Doses			Dates	Doses		
2 nov. 1922 : 0 gr. 18 en 3 fois				18 nov. 1922 : 0 gr. 24 en 3 fois			
3 —	—	—		19 —	—	—	
4 —	—	—		20 —	—	—	
5 —.	—	—		21 —	—	—	
6 —	—	—		22 —	—	—	
7 —	—	—		23 —	—	—	
8 —	—	—		24 —	—	—	
9 —	—	—					
10 —	—	—		25 nov. 1922 : 0 gr. 36 en 3 fois			
11 —	—	—		26 —	—	—	
				27 —	—	—	
12 nov. 1922 : 0 gr. 24 en 3 fois				28 —	—	—	
13 —	—	—		29 —	—	—	
14 —	—	—		30 —	—	—	
15 —	—	—		1er déc.	—	—	
16 —	—	—		2 —	—	—	
17 —	—	—		3 —	—	—	

Total : 8 grammes de sulfarsénol.

Élimination nette et régulière pendant 72 heures à dater de la fin de la cure. (La malade n'a pu être suivie plus longtemps).

EXPÉRIENCE 19 : Lef..., âgée de 42 ans ; malade atteinte de névrite optique. A reçu 9 gr. 18 de sulfarsénol en injections intra-veineuses et intra-musculaires.

Tableau des doses injectées:

1) *Intra-veineuses :*

27 septembre......	0 gr. 18		4 octobre	0 gr. 30
29 —	0 gr. 24		9 —	0 gr. 20
2 octobre	0 gr. 30		17 —	0 gr. 36

23 octobre	....	0 gr. 36	13 novembre	.....	0 gr. 36
30 —	....	0 gr. 36	20 —	....	0 gr. 36
6 novembre	.....	0 gr. 36	27 —	....	0 gr. 36

II) *Intra-musculaires* :

6 octobre	....	0 gr. 30	8 novembre	.....	0 gr. 30
11 —	....	0 gr. 30	10 —	....	0 gr. 36
13 —	....	0 gr. 30	15 —	....	0 gr. 30
19 —	....	0 gr. 30	18 —	....	0 gr. 36
21 —	....	0 gr. 30	22 —	....	0 gr. 30
25 —	....	0 gr. 30	24 —	....	0 gr. 36
27 —	....	0 gr. 30	29 —	....	0 gr. 30
1er novembre	...	0 gr. 30	1er décembre	....	0 gr. 36
3 —	....	0 gr. 30			

Total : 3 gr. 84 intra-veineux + 5 gr. 34 intra-musculaires = 9 gr. 18 en deux mois.

Élimination intense et très régulière les huit premiers jours à dater de la fin de la cure, faible le 9e, nulle les 10e, 11e et 12e jours.

EXPÉRIENCE 20 : Dran..., âgée de 23 ans. Malade atteinte d'accidents secondaires ; a reçu 6 gr. de sulfarsénol « per os ».

Tableau des doses ingérées :

Dates	Doses		Dates	Doses	
2 nov. 1922 : 0 gr. 24 en 3 fois			12 nov. 1922 : 0 gr. 24 en 3 fois		
3 —	—	—	13 —	—	—
4 —	—	—	14 —	—	—
5 —	—	—	15 —	—	—
6 —	—	—	16 —	—	—
7 —	—	—	17 —	—	—
8 —	—	—	18 —	—	—
9 —	—	—	19 —	—	—
10 —	—	—	20 —	—	—
11 —	—	—	21 —	—	—

22 nov. 1922 : 0 gr. 24 en 3 fois	25 nov. 1922 : 0 gr. 24 en 3 fois
23 — — —	26 — — —
24 — — —	

Total : 6 grammes de sulfarsénol en 25 jours.

Élimination très intense et très régulière pendant 78 heures. Aucune décharge les quatre jours suivants.

EXPÉRIENCE 21 : Suzanne D..., âgée de 24 ans, est soumise à un traitement préventif.

Tableau des doses injectées :

1re injection intra-veineuse.	le 3 nov. : 0 gr. 24
2e — —	4 nov. : 0 gr. 30
3e — —	5 nov. : 0 gr. 30
4e — —	6 nov. : 0 gr. 30
5e — —	7 nov. : 0 gr. 42
6e — —	8 nov. : 0 gr. 48

Total : 2 gr. 04 de sulfarsénol en six jours.

Cure très bien supportée ; urines sans sucre ni albumine ; absence complète de pigments, d'acides biliaires et d'urobiline. L'élimination est très intense pendant 7 jours, diminue brusquement le 8e jour au matin et devient nulle le soir même, soit 8 jours après la fin de la cure.

EXPÉRIENCE 22 : Mr Oliv..., âgé de 29 ans, est soumis à un traitement préventif.

Tableau des doses injectées :

1re injection intra-veineuse.	le 6 nov. : 0 gr. 30
2e — —	7 nov. : 0 gr. 42
3e — —	8 nov. : 0 gr. 48
4e — —	9 nov. : 0 gr. 48
5e — —	10 nov. : 0 gr. 48
6e — —	12 nov. : 0 gr. 48

Total : 2 gr. 64 de sulfarsénol en sept jours.

Observation et élimination superposables à celles de Suzanne D. La réaction d'Abelin est régulièrement très intense, finissant brusquement le 8e jour après la fin de la cure.

Etude de quelques cas pathologiques

EXPÉRIENCE 23 : M. Coro..., âgé de 48 ans, atteint d'un accident primitif du sillon balano-préputial.

Tableau des doses :

1re injection intra-veineuse de sulfarsénol, le 30 oct. : 0 gr. 24
2e — — — 31 oct. : 0 gr. 30
3e — — — 1er nov. : 0 gr. 36
et 12 ctgr. par la bouche le 1er nov. à 11 heures du soir.
4e injection intra-veineuse de sulfarsénol, le 2 nov. : 0 gr. 42
5e — — — 3 nov. : 0 gr. 42
et 18 ctgr. par la bouche le 3 nov. à 10 heures du matin.
6e injection intra-veineuse de sulfarsénol, le 4 nov. : 0 gr. 42

Total : 2 gr. 06 intra-veineux + 30 ctgr. per os = 2 gr. 36.

Incidents : Érythème scarlatiniforme généralisé arsenical, le 6 nov., deux jours après la sixième piqûre. Température = 40°2.

Analyse des urines :

	Journée du 9	Nuit du 9
Albumine	traces	50 ctgr. 0/00
Sucres	0	0
Pigments biliaires	traces	+ +
Acides biliaires	0	0
Urobiline	+ +	+ + + +
Abelin	+ +	1,5 +

L'albumine disparaît les 11, 12, 13, 14, 15, 16 du mois. La dissociation biliaire est toujours aussi manifeste à la dernière analyse qu'à la première, tandis que l'urobiline diminue, mais restera cependant subnormale (+ +).

L'élimination arsenicale est extrêmement irrégulière, très intense (+ + + +) le 13 à 11 heures, nulle à 12 heures, 15 heures, 18 heures, reprenant faiblement le soir, nulle le len—

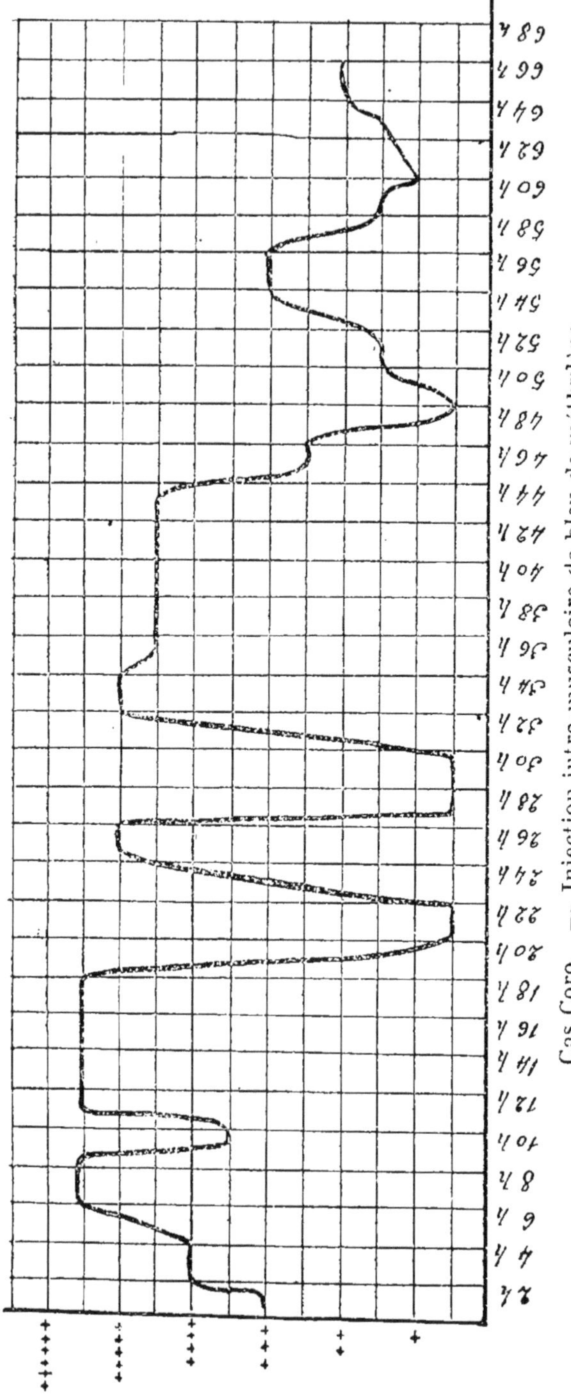

Cas Coro... — Injection intra-musculaire de bleu de méthylène.

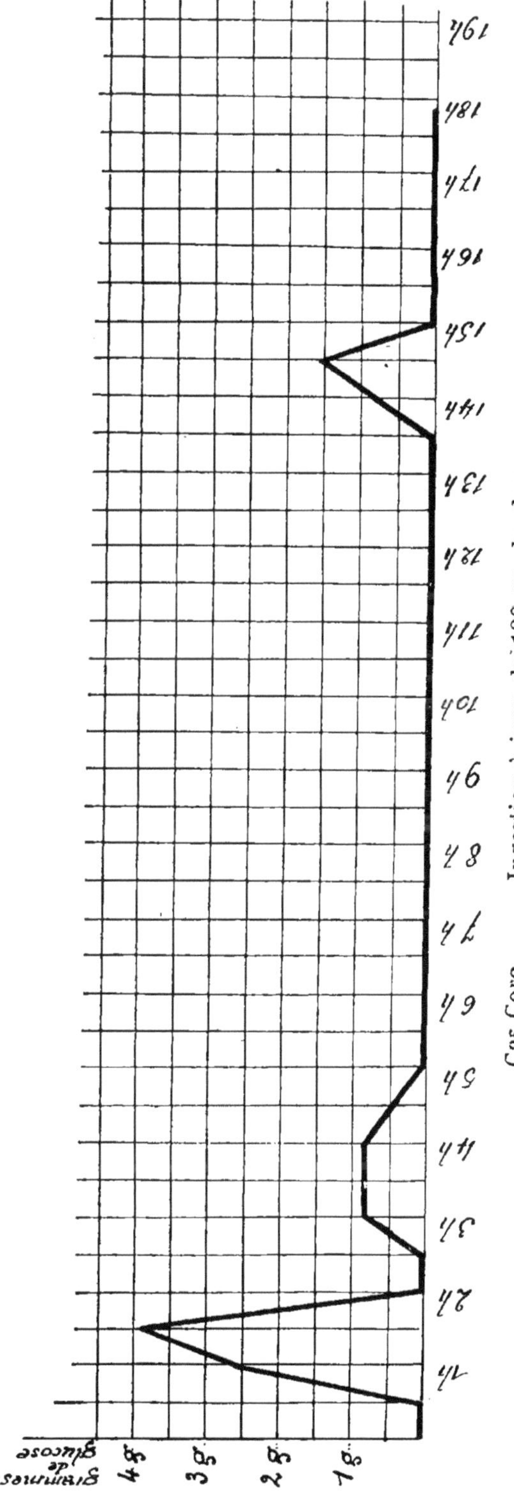

Cas Coro... — Ingestion à jeun de 130 gr. de glucose.

demain et continuant par saccades jusqu'au 17 novembre au matin.

La comparaison avec l'élimination de Suzanne D. et de Mr Oliv..., où foie et reins sont intacts, montre que l'altération du premier de ces viscères nous donne des courbes chaotiques et qu'une grande quantité d'arsenic est libérée à des moments très variables pendant un laps de temps prolongé.

Deux tableaux, l'un indiquant le rythme d'élimination du bleu de méthylène, l'autre la glycosurie provoquée (absorption de 125 gr. de glucose à jeun), illustrent les déficiences multiples du foie de ce malade. (Voir courbes : cas Coro..., bleu et glycosurie.)

EXPÉRIENCE 24 : M. Lee..., agé de 44 ans, atteint d'accidents tertiaires de la série nerveuse, ne supporte ni mercure, ni arsenic. Les injections intra-veineuses ou intra-musculaires de sulfarsénol amènent rapidement, même à faible dose, des troubles stomacaux, nausées, dégoût des aliments, inappétence ; quelques frissons, légère élévation de température.

L'élimination de 18 ctgr. de sulfarsénol intra-musculaire se fait très irrégulièrement et en quantité minime. C'est à peine s'il est possible de déceler des traces de composé diazoïque !

On essaye la voie stomacale. Aucune élimination décelable. Intrigués par ce fait anormal, nous étudions d'une façon approfondie les excreta et émonctoires du malade.

1re *recherche, avant toute injection* : Ni sucre, ni albumine, ni cylindrurie ; urobiline subnormale (+ +), pigments biliaires (+), acides biliaires nuls. Abelin = 0.

2e *recherche, après injection intra-musculaire de 0 gr. 12 de sulfarsénol* : Ni sucre, ni albumine, ni cylindrurie ; urobilinurie intense (+ + +) ou (+ + + +), pigments biliaires (+) ou (+ +) ; acides biliaires nuls. Abelin à peine décelable après l'injection intra-musculaire.

Ces analyses, faites en série durant 15 jours consécutifs, établissent nettement cette docimasie.

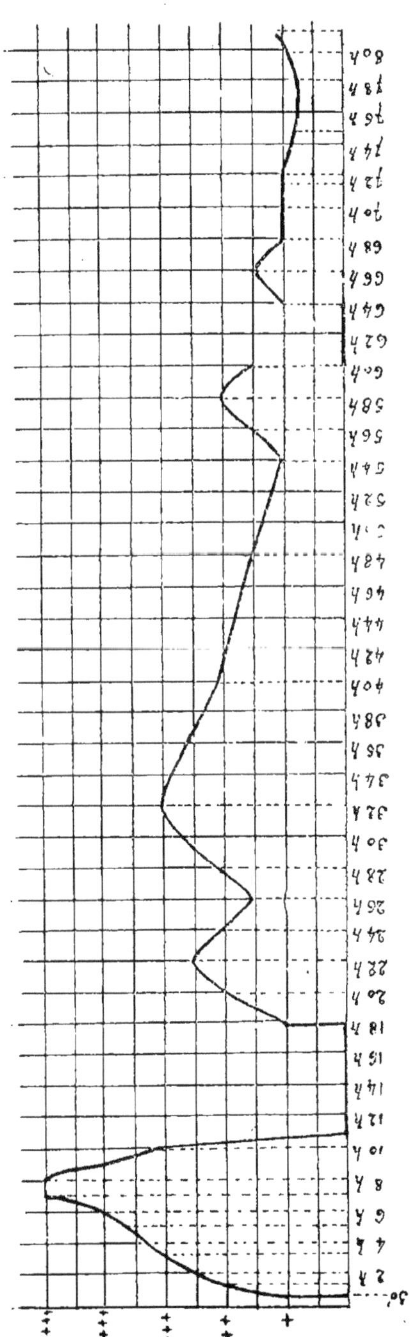
Cas Lee... — Injection intra-musculaire de bleu de méthylène.
Cas Lee... — Ingestion à jeun de 110 gr. de glucose.

3e *recherche* : *analyse du sang* : Hémoglobine, 93 % ; globules blancs, 7.800 ; globules rouges, 4.900.000 ; formule leucocytaire normale, ni hématies nucléées, ni poïkilocyte. Ceci nous indique que l'urobilinurie de notre malade n'est pas due à une hémolyse exagérée.

4e *recherche* : *injection intra-musculaire de bleu de méthylène*. Le graphique ci-contre, type classique d'insuffisance anti-toxique du foie, nous montre une élimination cyclique de bleu persistant encore cinq jours après l'injection. (Voir courbe : Cas Lee..., Bleu).

5e *recherche* : *ingestion à jeun de* 100 *gr. de glucose pur* : Insuffisance glycolytique du foie nettement démontrée par le graphique particulier à cette expérience (Voir courbe : Cas Lee..., Glucose).

6e *recherche* : Le rapport urinaire $\dfrac{N\ total}{N\ urée}$ tombe à 0,71.

7e *recherche* : Le coefficient uréo-sécrétoire calculé d'après la formule d'Ambard

$$\frac{U}{\sqrt{D}\ \sqrt{\dfrac{C}{25}}} = 0{,}086.$$

Les deux malades précédents, Coro... et Lee... sont certainement des *insuffisants hépatiques*. La malade Der..., dont nous allons donner l'observation, présente les mêmes tares, avec, en plus, un léger début d'insuffisance rénale.

Il est curieux de constater que chez ces malades l'ingestion de doses de sulfarsénol atteignant parfois 1 gr. en 3 jours, n'a pas permis de constater une élimination nette de composés diazoïques dans l'urine.

L'injection intra-veineuse ou intra-musculaire est suivie d'une élimination tout aussi anormale : le foie ou d'autres organes retiennent-ils l'arsenic organique ou ne le laissent-ils échapper que sous forme d'un dérivé non diazotable ? Nous posons la question sans la résoudre.

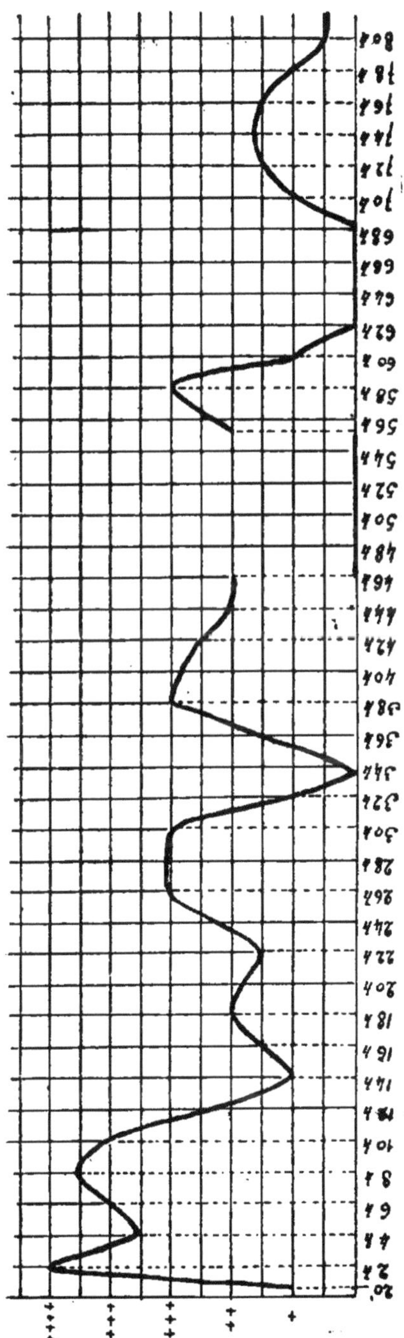

Cas Der... — Injection intra-musculaire de bleu de méthylène.

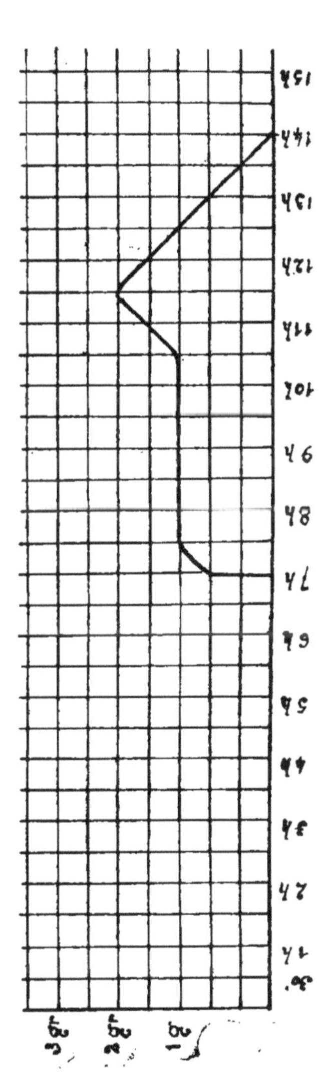

Cas Der... — Ingestion à jeun de 130 gr. de glucose.

EXPÉRIENCE 25 : Der..., âgée de 23 ans, cocaïnomane, atteinte d'accidents secondaires.

La réaction d'Abelin reste négative après ingestion de 2 gr. 50 de sulfarsénol en dix jours.

Ni l'ingestion fractionnée de sulfarsénol en poudre ou en capsules kératinisées, ni l'injection intra-musculaire de sulfarsénol ne nous décèlent d'arsenic aminé dans les urines. L'injection intra-veineuse de 18 ctgr. de sulfarsénol ne fait apparaître la réaction d'Abelin qu'à la 44e heure après le début de l'expérience. Cette élimination est du reste très courte et devient nulle à la 56e heure.

1re *recherche* : Traces d'albumine constante pendant 2 mois, cylindres hyalins et colloïdes ; ni sucre, ni pigments, ni acides biliaires, ni urobilinurie.

L'injection ou l'ingestion de sulfarsénol ne modifie pas le métabolisme urinaire.

2e *recherche* : Mêmes remarques que pour le cas Lee..., concernant l'injection intra-musculaire de bleu de méthylène (Voir courbe Der..., Bleu).

3e *recherche* : Idem pour l'épreuve de la glycosurie provoquée après ingestion à jeun de 125 gr. de glucose (Voir également courbe Der..., Glucose).

4e *recherche* : $\dfrac{\text{N total}}{\text{N urée}} = 0,69$ (rapport urinaire).

5e *recherche* : Coefficient uréo-sécrétoire $= 0,096$.

Nous nous contentons, dans ce premier travail, de donner les résultats bruts de nos analyses, sans les faire suivre d'aucun commentaire.

Dans un second mémoire qui paraîtra le mois prochain et qui sera accompagné de conclusions pratiques, nous étudierons quelques dérivés arsenicaux d'un type assez différent du sulfarsénol.

GRANDE IMPRIMERIE DE TROYES
126, *Rue Thiers*, 126